装饰工程
水电质量通病解析

苏州新筑时代网络科技有限公司　编

江苏凤凰科学技术出版社

图书在版编目（CIP）数据

装饰工程水电质量通病解析 / 苏州新筑时代网络科
技有限公司编. -- 南京：江苏凤凰科学技术出版社，
2018.7
　　ISBN 978-7-5537-9214-9

　　Ⅰ．①装… Ⅱ．①苏… Ⅲ．①室内装饰－工程质量－
基本知识 Ⅳ．①TU767

　　中国版本图书馆CIP数据核字(2018)第096056号

装饰工程水电质量通病解析

编　　　者	苏州新筑时代网络科技有限公司	
项 目 策 划	天潞诚 / 薛业凤	
责 任 编 辑	刘屹立　赵　研	
特 约 编 辑	彭　娜　杨倩倩	

出 版 发 行	江苏凤凰科学技术出版社
出版社地址	南京市湖南路1号A楼，邮编：210009
出版社网址	http：//www.pspress.cn
总 经 销	天津凤凰空间文化传媒有限公司
总经销网址	http：//www.ifengspace.cn
印　　　刷	深圳市雅佳图印刷有限公司

开　　　本	889 mm×1194 mm　1 / 16
印　　　张	6.5
字　　　数	80 000
版　　　次	2018年7月第1版
印　　　次	2018年7月第1次印刷

标 准 书 号	ISBN 978-7-5537-9214-9
定　　　价	128.00元

图书如有印装质量问题，可随时向销售部调换（电话：022-87893668）。

○ 致各位装饰界同仁：

水电工程与装饰工程的关系，就好比血管、器官与人体的关系；试想，如果在前期水电施工过程中出现问题，那对于整个装饰项目而言，就一定会是一个不折不扣的"内伤"！如果说面层的质量问题尚可通过后期的各种"手段"进行补救，那么水电工程的问题一旦出现，就无论如何都避免不了"伤筋动骨"，给您造成无法估量的损失。那如何才能防止水电通病问题的发生呢？就是从水电问题产生的源头上来进行防范。本书通过装饰水电行业资深专家对实际项目案例现身说法，为您还原一个个问题现场，真正让您了解到水电施工的重要性。

新筑时代

CONTENTS
／目录

第一章 电力工程类

关注我们,获取更多课程

【预防及解决措施】

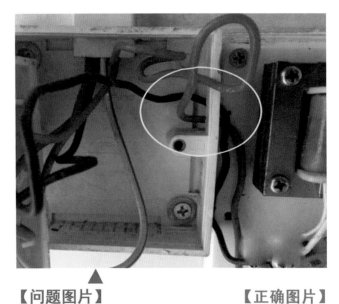

【问题图片】

【通病现象】

电线在开关盒内回穿未做保护，容易将线皮划破，存在漏电隐患。

【正确图片】

【原因分析】

班组长对质量要求未交底。

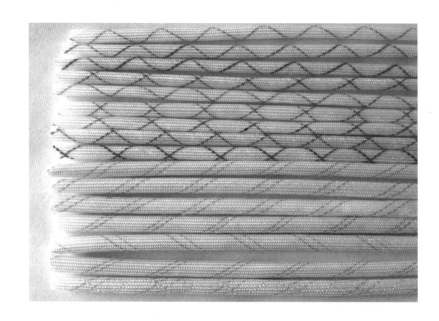

【黄蜡管图】

1. 电线在开关盒内回穿的地方，要用黄蜡管保护，避免破坏电线的绝缘层。
2. 班组长应在施工前，将施工质量要求交底到位，以防发生类似的情况。

【问题图片】　　　　　　　【正确图片】

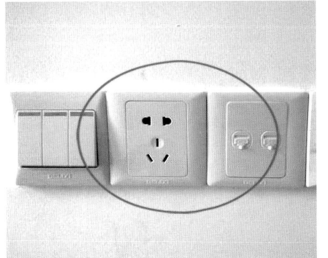

【通病现象】

开关、插座盒安装有间隙，安装面板后，墙面不美观。

【原因分析】

1.前期没有进行模数化施工，两个盒子之间的距离没有控制好。

2.工人质量意识淡薄。

【预防及解决措施】

【开关、插座盒模数化安装示意图】

在施工前班组长应对工人进行技术交底，施工过程加强监管。

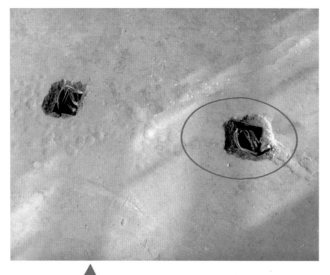

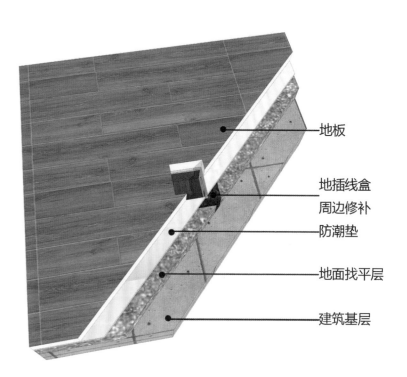

【通病现象】

地面上安装地插时，底盒周边未修平齐，导致面板无法安装。

地板

地插线盒
周边修补

防潮垫

地面找平层

建筑基层

【问题图片】

【正确图片】

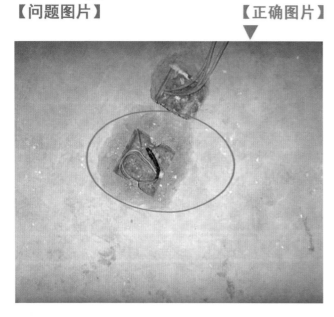

【原因分析】

没有控制好完成面高度，导致后期难修复。

【复合地板接线盒安装图】

1.测算好完成面高度。

2.若前期没有找准完成面高度，在装地坪前应要求工人将线盒周边修补好。

【问题图片】　　　【正确图片】

【通病现象】

开关、插座接线盒采用易燃材料固定。

【原因分析】

1.管理人员对水电工程的规范知识掌握不够。

2.管理人员没有重视这方面的问题。

【预防及解决措施】

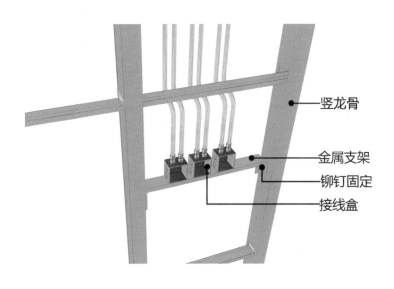

竖龙骨
金属支架
铆钉固定
接线盒

【金属接线盒固定示意图】

1.管理人员要掌握水电施工规范，对施工人员进行安全技术交底。

2.按图施工，按照工艺流程施工。开关、插座接线盒应采用金属支架固定，不准使用可燃、易燃物来做支架固定。

3.管理人员要对施工过程监控，增加安全管理的意识，杜绝意外事故的发生。

【通病现象】

顶面线管未单独设置支架固定。

【问题图片】

【正确图片】

【原因分析】

1. 管理人员对水电工程的规范知识掌握不够全面。
2. 没有对施工人员交底，监督不到位。

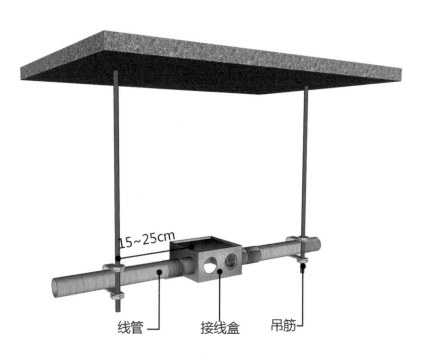

15~25cm

线管　　接线盒　　吊筋

【线管单独设置吊筋示意图】

1. 对工人进行专项交底，按规范固定线管。
2. 电线管敷设支架应该单独设置，KBG20线管、KBG25线管的吊筋距离为1.0~1.5m，接线盒两边的吊筋距离为15~25cm。

【通病现象】

多根导线从一个接线盒中接出，容易损伤绝缘层造成电线短路，不符合规范要求。

【问题图片】

【正确图片】

【原因分析】

1.工人质量意识淡薄。

2.施工班组为了节省成本。

3.项目现场监督不到位。

【预防及解决措施】

线管使用单独吊筋   接线盒

【顶面接线盒连接示意图】

加强质量监督，按规范施工，做好质量交底，一灯一盒，严格质量检查工作。

【问题图片】

【通病现象】

天花内电线管线敷设在灯具安装的直线位置上，导致位置不够，有些灯具安装不上。

【正确图片】

【原因分析】

项目部深化交底不到位，未提前对工人进行交底，导致电线管线安装错误。

【预防及解决措施】

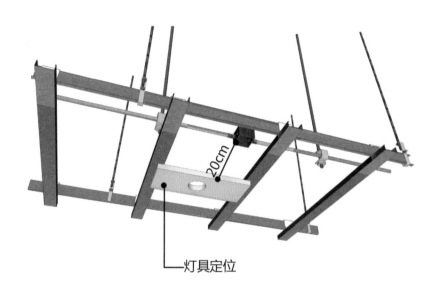

灯具定位

【顶面线管与灯具之间关系示意图】

1. 项目部应提前深化方案，并及时对工人进行交底。
2. 项目部应加强监督，若发现问题应及时修改。
3. 天花内电线管线不宜敷设在灯具安装的直线位置上，灯位盒也要避开灯位，应偏离20cm，吊顶内空间过小会影响灯具安装。

【问题图片】

【通病现象】

顶面综合布点，消防喷淋、
烟感与灯具位置不合理。

【正确图片】

【原因分析】

1.管理人员对消防规范要求
  不熟悉。

2.前期深化不到位。

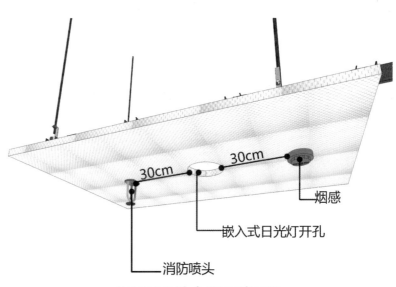

30cm　　30cm

烟感

嵌入式日光灯开孔

消防喷头

【顶面点位布置示意图】

1.安装规范要求：烟感与灯具之间的间距大于30cm，消防喷头
  距常规灯具及送、排风风口的距离不宜小于30cm。

2.烟感与高温灯具间距50cm，与扬声器间距不小于10cm，与
  喷淋间距不小于30cm，与风口间距不小于50cm。

3.施工中的照明灯具是嵌入式日光灯，烟感与灯具间的间距为
  30cm。如果是下垂式的，要求周围50cm内没有遮挡物；如
  果是高温灯，间距要适当放大。

4.按上述要求对工人进行交底，交底要仔细。

13

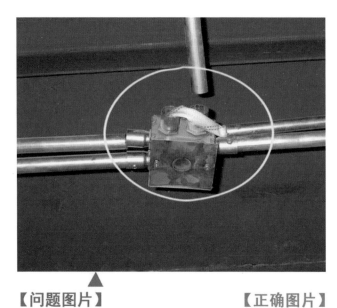

【问题图片】

【通病现象】

线管与过线盒连接不到位。

【正确图片】

【原因分析】

1.工人缺乏施工质量意识。

2.项目部监管力度不足。

【预防及解决措施】

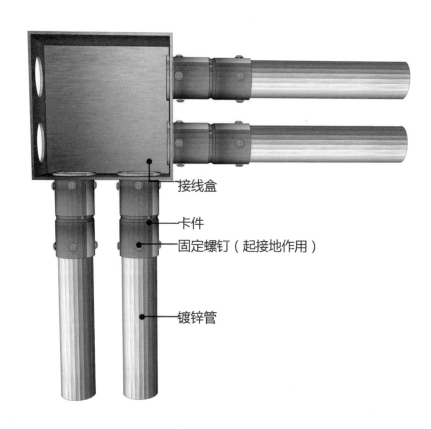

接线盒

卡件

固定螺钉（起接地作用）

镀锌管

【金属线管入接线盒示意图】

1.在施工前必须策划线管的走向。

2.项目部对工人进行技术规范交底，并增强项目管理、监督力度。

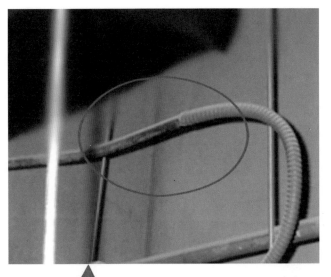

【问题图片】

【正确图片】

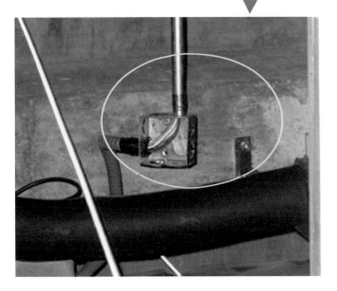

【通病现象】

金属硬管与软管连接时，软管直接插入硬管内，不符合规范。

【原因分析】

1.项目监管不到位。

2.工人图省事。

【预防及解决措施】

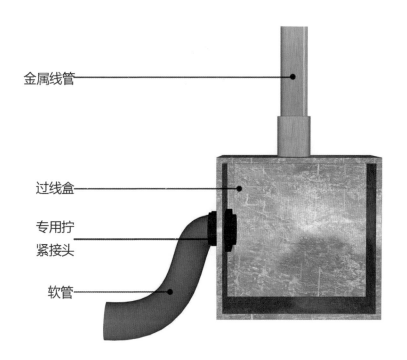

金属线管

过线盒

专用拧
紧接头

软管

【电线软管与金属线管连接示意图】

1.金属硬管与软管连接应采用过线盒作过渡处理，并在施工时将
   管接头与过线盒锁紧以防脱落。

2.对工人进行技术交底，项目部加强监督，若发现问题应及时
   进行整改。

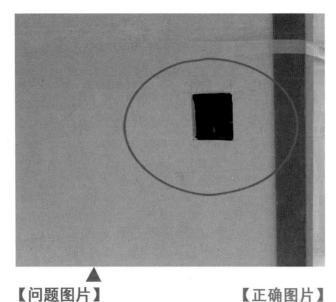

【问题图片】

【通病现象】

干挂石材上安装的开关、插座底盒过深，导致后期无法安装面板。

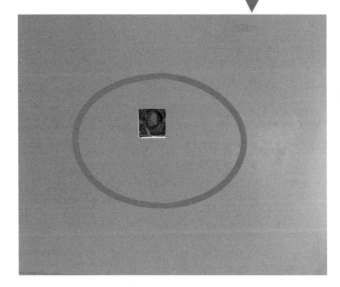

【正确图片】

【原因分析】

1. 施工管理人员前期策划不够，缺少施工经验。
2. 对班组的水电技术交底不到位，完成面控制不住。

【预防及解决措施】

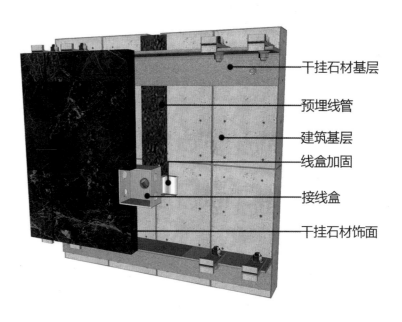

干挂石材基层
预埋线管
建筑基层
线盒加固
接线盒
干挂石材饰面

【干挂石材上安装接线盒图】

1. 施工前项目部应与班组做好技术交底工作。
2. 施工人员根据装饰图、电气图和装饰放线找到完成面位置，确定线盒点位位置。

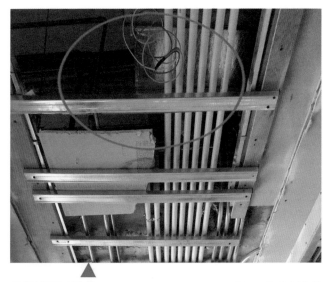

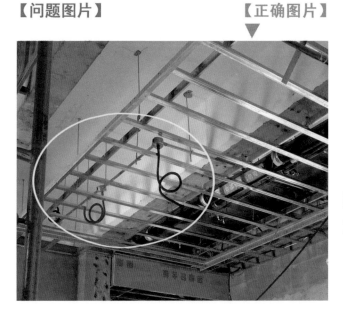

【问题图片】

【正确图片】

【通病现象】

灯头盒出线未穿金属软管，不符合施工规范要求。

【原因分析】

工人图省事或个别遗漏。

【预防及解决措施】

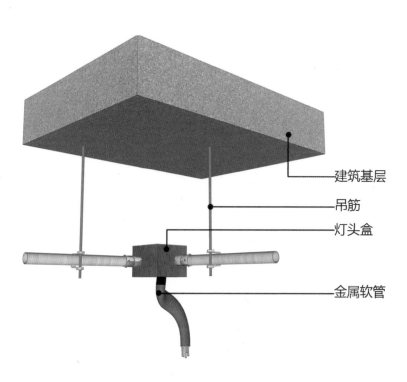

建筑基层

吊筋

灯头盒

金属软管

【灯头盒电线套软管示意图】

1.按规范吊顶上灯头盒电线必须穿金属软管，吊顶上的电线不得外露。

2.对施工人员进行技术交底，加强项目部的管理监督力度。

17

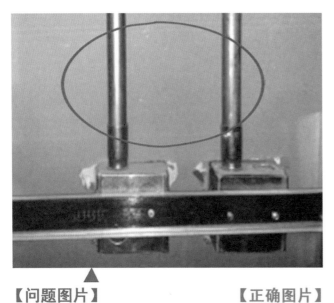

【问题图片】

【正确图片】

【通病现象】

隔墙中线管固定间距过长，在拉线过程中线管容易产生位移造成墙面变形。

【原因分析】

1.技术交底不到位。

2.施工人员质量意识淡薄。

【预防及解决措施】

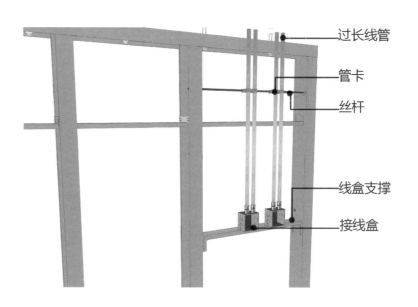

过长线管

管卡

丝杆

线盒支撑

接线盒

【隔墙中线管加固示意图】

1.线管过长时，应利用管卡及丝杆进行加固。

2.线盒加固一定要在下面加固，以防后期插头插拔使用时产生位移。

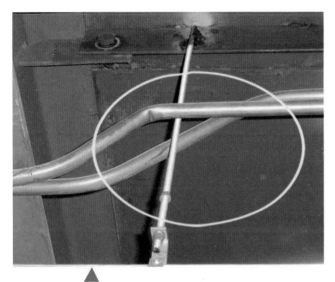

【问题图片】

【正确图片】

【通病现象】

线管安装无固定点，排列不整齐，转弯处管子变瘪。

【原因分析】

1.规范交底不到位。

2.可能存在管子质量问题。

【预防及解决措施】

建筑基层

膨胀螺栓

镀锌角钢

热镀锌线管

【电线管桥架安装示意图】

1.前期策划应熟悉设计图纸，提前对工人进行技术交底，加强施工现场质量管理，加强工人的质量意识教育，落实好施工中的质量控制措施。

2.规范标准：在给水管转弯两侧15~25cm内设置管卡，中间沿墙敷设段：20管间隔90cm，25管间隔100cm，32管间隔110cm。

3.管子进场前，应保证质量。

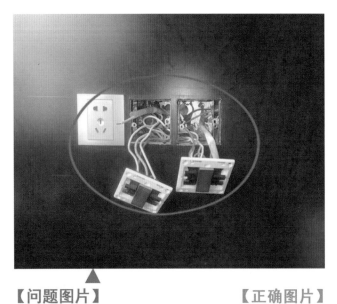

【问题图片】

【正确图片】

【通病现象】

木饰面上安装面板未采取防火措施，不符合要求。

【原因分析】

1.工人安全意识淡薄，马虎施工。
2.项目部监管不到位。

【预防及解决措施】

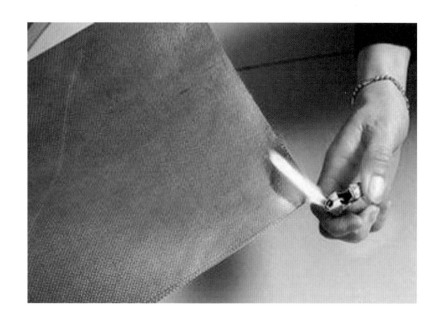

【防火布防火试验图】

1.木饰面上安装开关面板应采取防火措施，将开关面板接好线后，接线处用防火布包住，再将面板固定好。
2.提前对工人进行交底，培养工人安全意识。

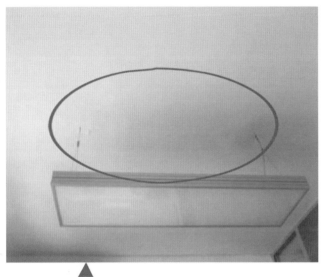

【问题图片】

【正确图片】

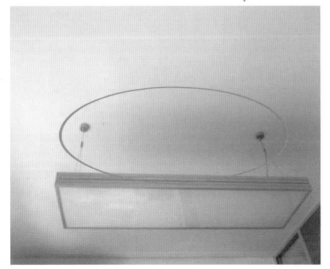

【通病现象】

吊线灯安装时，从吊顶面穿孔直接下引出线位置留下孔洞未封闭，影响观感。

【原因分析】

监督不到位或配件未装全。

【预防及解决措施】

【顶面引线位置装饰盖板示意图】

1.仕顶面引线位置增加一个装饰盖板。
2.提前对工人进行节点交底。

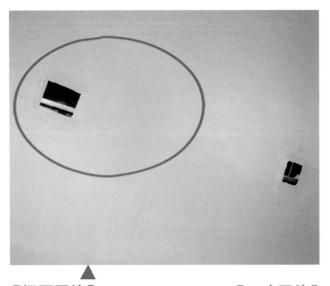

【问题图片】

【通病现象】

灯孔开孔时与主龙骨或副龙骨冲突，导致灯具安装不上。

【正确图片】

【原因分析】

施工管理人员前期策划不到位，未考虑龙骨与灯孔的位置设置。

【预防及解决措施】

中心线

主龙骨与中心线距离大于20cm

【顶面灯具开孔示意图】

1. 项目前期策划应到位，提前避免灯孔与龙骨冲突的情况。
2. 因走道内灯具普遍安装在中心位置，吊顶主龙骨安装应避开中心线，一般以错开走道的中心线20cm以上为宜。

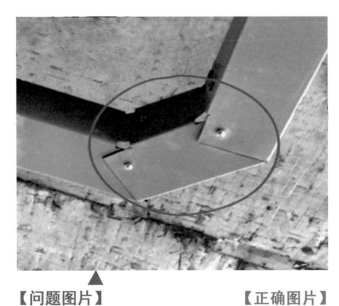

【问题图片】

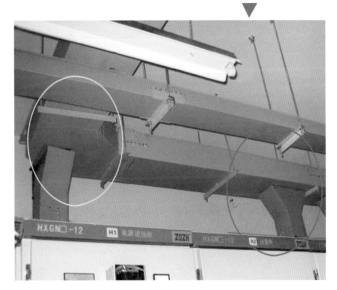

【通病现象】

桥架接头处未使用专用的桥架接头配件，容易划伤线皮。

【原因分析】

未策划好，现场无专用接头，工人就在现场进行加工了。

【预防及解决措施】

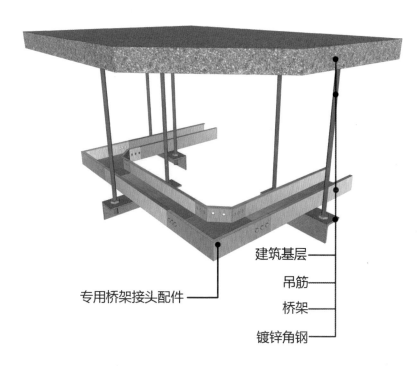

建筑基层

吊筋

桥架

镀锌角钢

专用桥架接头配件

【顶面桥接安装示意图】

1.水电班组须严格按照桥架施工的技术交底进行施工。

2.桥架的连接应使用专用的桥架接头配件。

3.桥架要有可靠的接地。

【正确图片】

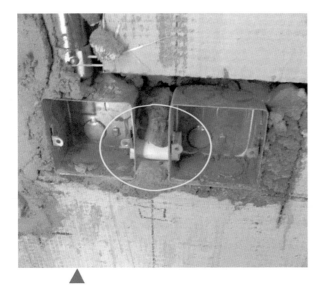

【通病现象】

金属导管用PVC管连接，
破坏了管线的接地系统，
不符合质量要求。

【问题图片】   **【正确图片】**

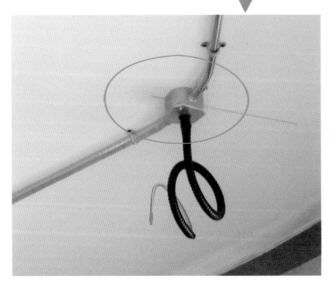

【原因分析】

1.工人质量意识淡薄。

2.未对工人进行技术交底。

【金属线管与金属线盒连接件图】

1.加强工人质量意识和项目部检查力度，若发现问题，应
  立即整改。

2.按水电施工规范要求施工，杜绝不同材质直接连接现象
  的出现。

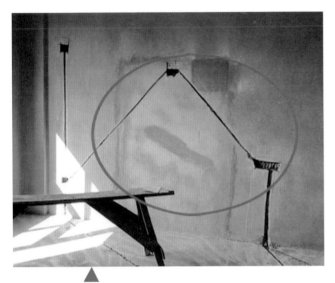

【问题图片】

【通病现象】

墙面横向敷设线管不符合规范。

【正确图片】

【原因分析】

1.项目部未对工人进行技术交底。

2.工人质量意识淡薄，未考虑是否对后面工序产生影响。

3.项目监督不到位。

【预防及解决措施】

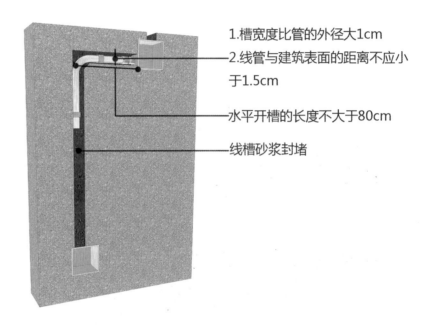

1.槽宽度比管的外径大1cm

2.线管与建筑表面的距离不应小于1.5cm

水平开槽的长度不大于80cm

线槽砂浆封堵

【墙面线管开槽安装示意图】

1.项目部应对水电班组交底到位，并加强检查力度。

2.电线管尽量从顶上引下，禁止开横槽敷设。

3.加强项目监督力度，提高工人质量意识。

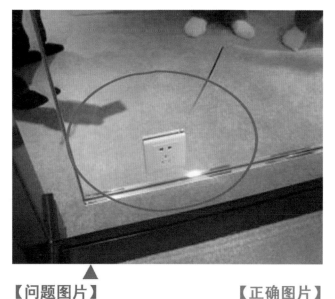

【问题图片】

【通病现象】

玻璃（或镜子）上安装了插座，在安装和使用过程中导致玻璃（或镜子）损坏。

【正确图片】

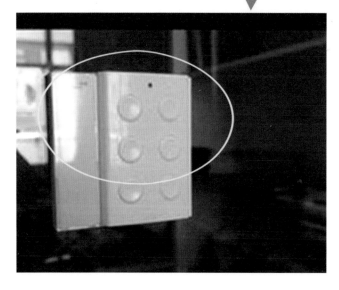

【原因分析】

1.设计时只考虑安装效果，项目部施工时也未及时提出。

2.前期策划没有规避这个问题。

【预防及解决措施】

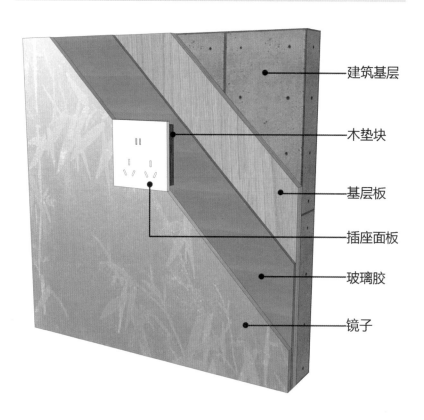

　建筑基层

　木垫块

　基层板

　插座面板

　玻璃胶

　镜子

【在镜子上安装插座面板示意图】

1.施工时及时与设计部门沟通，将插座的位置移到玻璃（镜子）之外。

2.若不可避免，应在面板背后加泡沫双面胶，形成软接层。

【问题图片】　　　【正确图片】

【通病现象】

电线管固定不符合规范，采用电焊焊接固定。

【原因分析】

1.未准备专用线管卡件。

2.工人马虎施工，图省事，没有质量意识。

【预防及解决措施】

骑码卡

离墙码

规格	铁皮宽度(mm)	内径(mm)	螺丝眼	数量
M16	14	16	4	90个/包
M20	14	20	4	90个/包
M25	15	25	4	90个/包
M32	15	32	4	90个/包
M40	16	40	4	90个/包
M50	17	50	4	90个/包
M65	19	65	4	90个/包
M75	22	75	8	1个
M100	22	100	8	1个

数据仅供参考，单批测量可能存在误差

材质：锌铝合金、铸铁

型号：锌铝合金-Ø16、Ø20、Ø25、Ø32、Ø40、Ø50
　　　铸铁-Ø20、Ø25、Ø32、Ø40、Ø50

用途：用于墙壁上或吊顶内固定导线管。

特点：产品强度好，两端螺丝固定不易脱落；工艺设计有加强筋不易变形；表面镀锌处理，抗氧化、抗腐蚀性好。

【骑码卡、离墙码规格示意图】

1.按规范要求施工，KBG管及JDG管安装严禁熔焊施工，管路固定采用专用骑码卡或单独支架固定。

2.加强项目监督管理，并提前对工人进行交底。

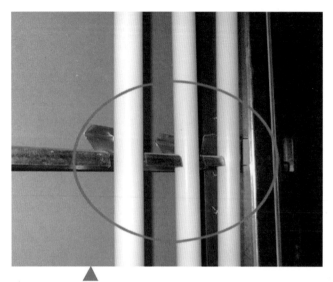

【问题图片】

【正确图片】

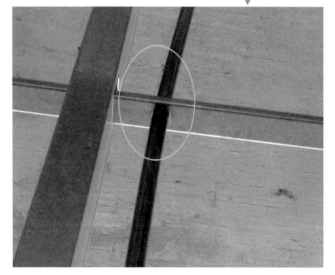

【通病现象】

在轻质隔墙中，导管安装不规范。

【原因分析】

未进行质量交底，工人图省事直接切割龙骨。

【预防及解决措施】

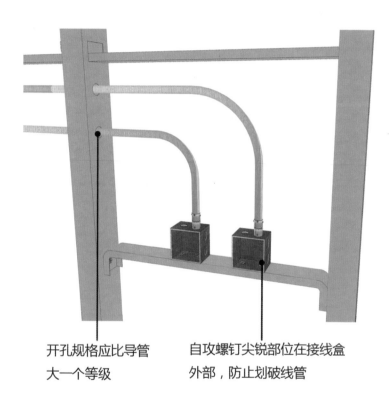

开孔规格应比导管大一个等级

自攻螺钉尖锐部位在接线盒外部，防止划破线管

【轻钢龙骨隔墙线管安装示意图】

要求工人在轻质隔墙内导管穿龙骨安装时，要在龙骨上开孔安装，开孔规格应比导管大一个等级。

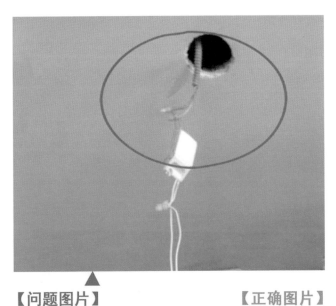

【问题图片】

【正确图片】

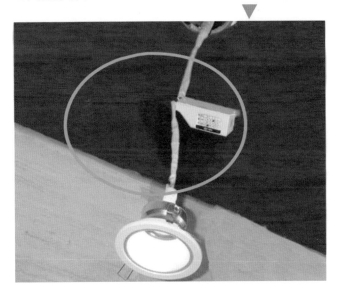

【通病现象】

灯头线接到变压器及灯头时
未用护套保护。

【原因分析】

工人电力安装质量意识淡薄，
项目部监督检查不到位。

【预防及解决措施】

软管

电线保护套

【灯头线保护示意图】

1. 提前对工人交底，项目部增强管理、监督力度，若发现问题，
   应及时进行整改。
2. 规范灯头线接到变压器及灯头的过渡线必须采用护套保护，在
   吊顶内应基本看不见裸线。

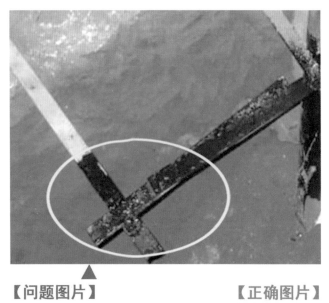

【问题图片】

【正确图片】

【通病现象】

等电位接地体90°转弯处连接不符合要求。

【原因分析】

1.未提前对工人进行交底。
2.项目管理人员对等电位接地焊接标准规范不熟悉。

【预防及解决措施】

【等电位节点转弯处焊接图】

1.按规范，等电位接地体焊接面必须达到大于等电位接地体宽度的十倍。
2.等电位接地镀锌扁钢转弯处不得断开焊接，应采用液压搣弯机搣成90°。

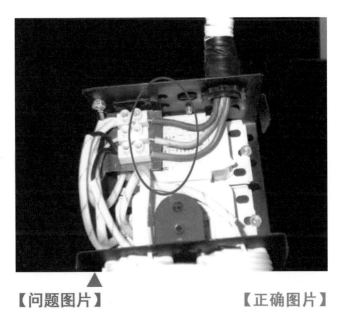

【问题图片】

【正确图片】

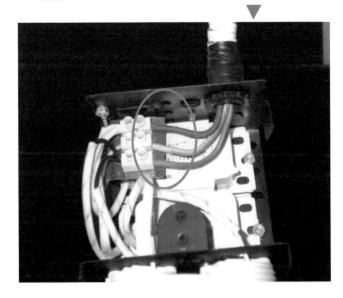

【通病现象】

灯具安装进线剥皮过长，不符合规范。

【原因分析】

1.工人质量意识淡薄，把握不好接线端子的距离。

2.交底不到位。

【预防及解决措施】

【灯具接线代表图】

1.由于灯具的型号不同，电线进接线端子后不得裸露铜线。

2.加强检查力度，并培养工人质量意识。

3.应选择自带接线的灯具变压器。

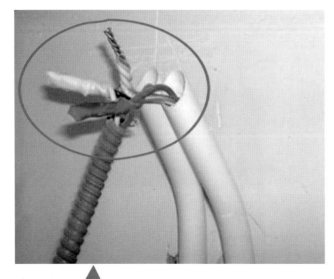

【问题图片】

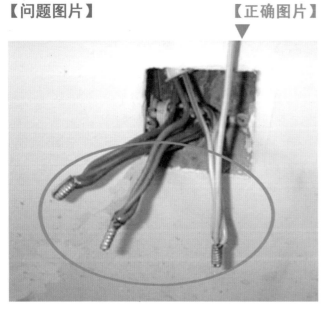

【正确图片】

【通病现象】

导线相接不符合规范。

【原因分析】

1.工人图省事，未按照规范施工。

2.项目管理人员未及时对工人进行交底。

【预防及解决措施】

【铰接搪锡】

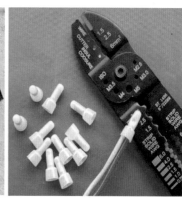

【压线帽】

1.对工人进行电力安全施工质量培训，提高工人质量管控意识。

2.项目管理人员应及时对工人进行技术交底，并增加监督强度。

3.接线盒内导线连接采用铰接方式时，铰接圈数为5~6圈，搪锡后绝缘包裹。

【通病现象】

开关、插座安装位置不合理。

【问题图片】　　　**【正确图片】**

【原因分析】

深化不到位，点位优化时未考虑插座的实用性。

【预防及解决措施】

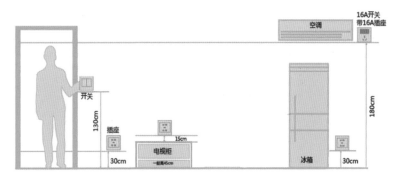

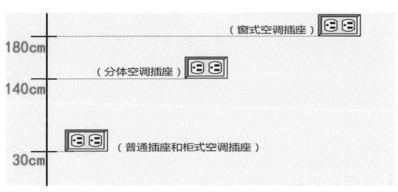

【开关、插座安装位置示意图】

1. 在确定插座点位之前，应了解家具尺寸，根据家具尺寸进行点位布控。
2. 严格控制插座离地尺寸。
3. 项目管理人员进行严格监督。

【通病现象】

给水管与插座间距太近，存在安全隐患。

【问题图片】　　　　　　**【正确图片】**

【原因分析】

1. 深化水电图纸时，未考虑插座与给水管之间的间距问题。
2. 施工管理监督不到位。

【预防及解决措施】

　　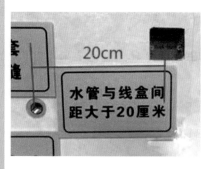

【防溅型插座图】　　　　**【插座与水管距离图】**

1. 潮湿场所应选择防溅型插座。
2. 项目部前期策划应到位，并及时对班组进行技术交底。
3. 插座应安装在给水管口上方，并且与水管口水平距离不小于20cm。

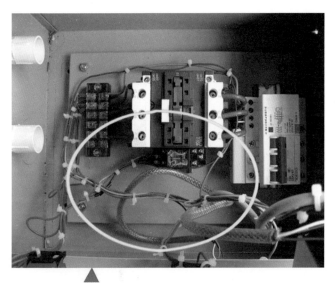

【问题图片】

【正确图片】

【通病现象】

电箱内部电线布置混乱。

【原因分析】

1.工人质量安全意识不
强，施工马虎。

2.管理人员监督不到位。

3.未提前对工人进行质
量交底，导致电工施
工不规范。

【预防及解决措施】

【配电箱内接线、检查表示意图】

1.施工前进行技术质量交底。

2.管理人员加强监督。

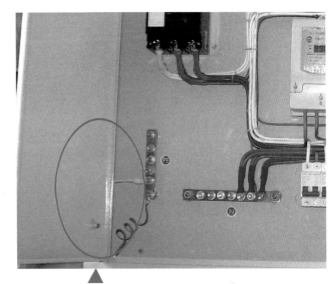

【问题图片】

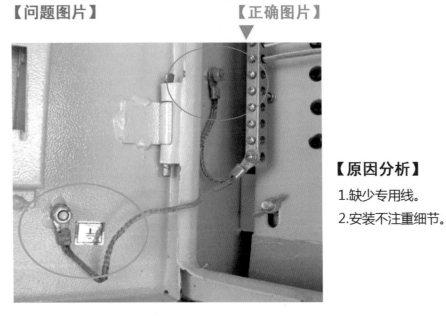

【正确图片】

【通病现象】

配电箱箱门未接地。

【原因分析】

1.缺少专用线。

2.安装不注重细节。

【配电箱接地图】

按规范操作，采用铜丝编织带或者黄绿双色软线，把箱体、箱门与系统接地排进行连接。

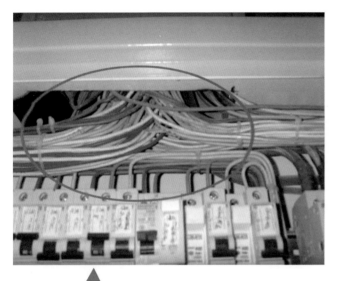

【通病现象】

桥架与电箱连接处，进入配电箱的导线未用胶皮做保护，导致导线绝缘层损坏。

【原因分析】

1.项目部经验不足，对电力质量把控不严。

2.未提前对工人进行交底，对项目的监督不到位。

【预防及解决措施】

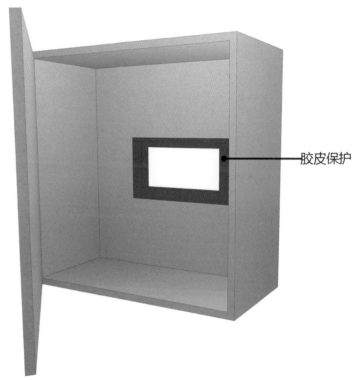

胶皮保护

【配电箱线孔胶皮保护图】

提前对工人进行交底，做好接口处的保护方案，并加强对工人施工过程的监督。

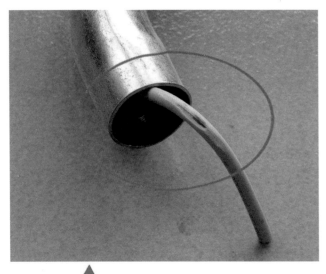

【问题图片】

【通病现象】

金属电线管内只穿一根线，不符合规范。

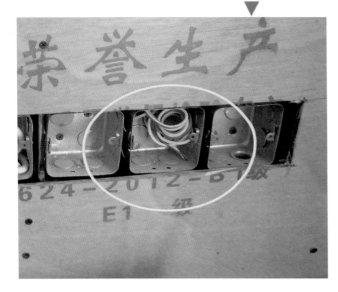

【原因分析】

未交底，工人不懂施工规范。

【预防及解决措施】

【正确图片】

【质量验收规范图及产生后果图】

1.对工人进行规范交底。

2.金属电线管中穿线，其通过电流必须大小相等、方向相反。

3.根据《建筑电气工程施工质量验收规范（GB50303-2002）》中电线、电缆穿管和线槽敷设支项中的规定：

a.不同回路、不同电压等级和交流与直流的电缆，不应穿于同一导管内。

b.同一交流回路的电线应穿于同一金属导管内，且管内电线不得有接头。

c.三相或单相的交流单芯电缆，不得单独穿于钢导管内。

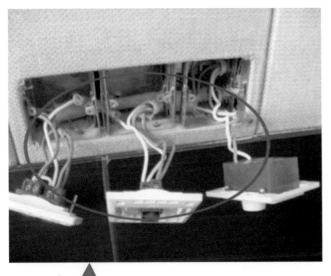

【问题图片】

【正确图片】

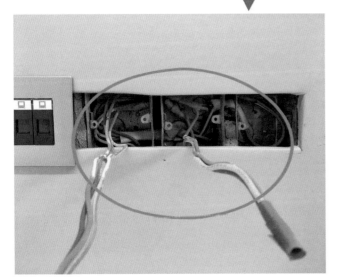

【通病现象】

1.调光开关电源线颜色搭配有误。

2.开关接线跳接，容易松动。

【原因分析】

1.施工人员不重视质量要求或施工马虎。

2.项目管理人员检查力度不够。

【预防及解决措施】

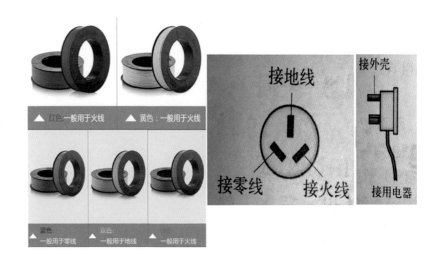

【电线颜色代表图】

施工前对工人进行技术、质量交底，须做到下列要求：

1.两根及以上电线应在接线盒内并头，分出一根接至开关插座接线柱。

2.在施工中开关控制线的颜色和相线应有效区分。相线可用黄、绿、红色，零线用蓝色，接地线用黄绿双色，控制线用白色为宜。

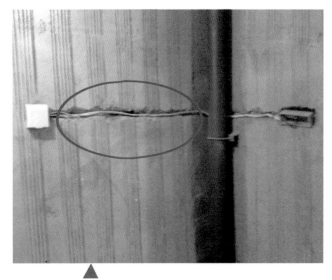

【问题图片】

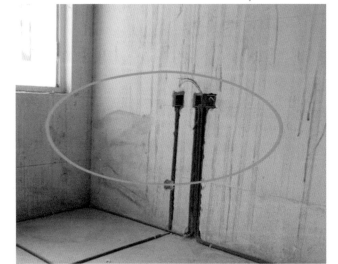

【通病现象】

施工时将电线穿黄蜡管后直接埋入墙体内。

【正确图片】

【原因分析】

1.工人质量意识不强，施工时偷懒。
2.施工管理人员监督不到位。

【预防及解决措施】

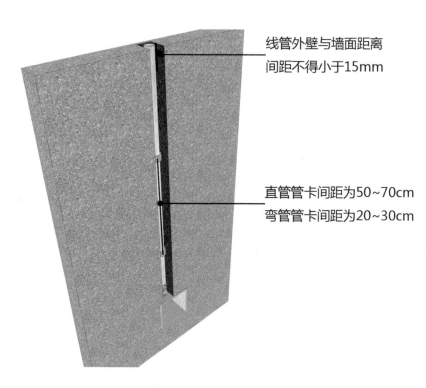

线管外壁与墙面距离间距不得小于15mm

直管管卡间距为50~70cm
弯管管卡间距为20~30cm

【墙面线管安装示意图】

1.前期应熟悉设计图纸，提前对工人进行技术交底，提高工人的质量意识。
2.金属软管及黄蜡管禁止暗敷设在墙体内施工。
3.加强项目部监督能力。

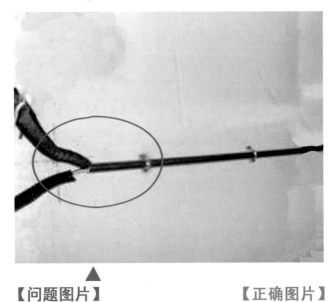

【问题图片】

【正确图片】

【通病现象】

线路末端处未做接线盒。

【原因分析】

1.施工时工人缺乏安全
  质量意识。
2.班组对电气施工验收
  规范不熟悉。

【预防及解决措施】

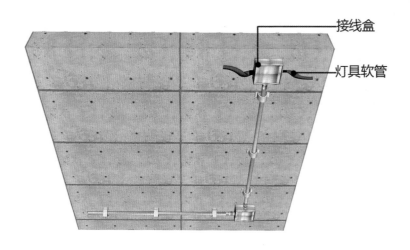

接线盒

灯具软管

【电线管路分支增加接线盒图】

1.在电线管路末端增加接线盒。

2.加强工人安全质量意识,并提前对工人进行技术交底。

【问题图片】

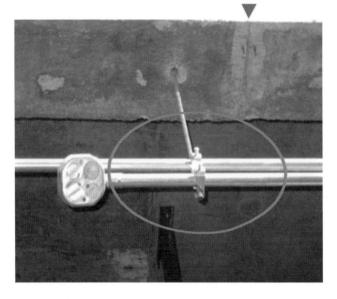

【通病现象】

金属电线管固定方式不规范，线管容易脱落。

【正确图片】

【原因分析】

1.项目部未采购足量的U形龙骨卡。

2.项目部未及时对工人进行交底。

3.项目部监督不到位。

【预防及解决措施】

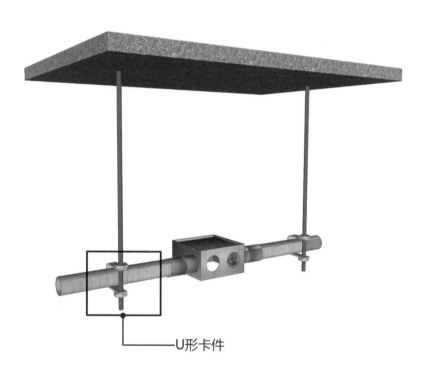

U形卡件

【顶面线管固定图】

1.项目部应购买足量的U形龙骨卡。

2.提前对工人进行技术交底。

3.项目部加强监督，若发现错误，应及时整改。

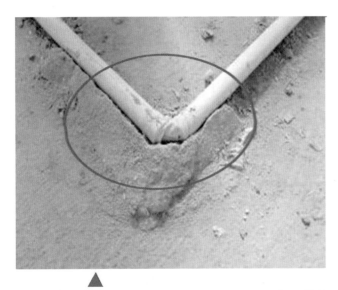

【通病现象】

线管90°弯头不符合施工规范。

【预防及解决措施】

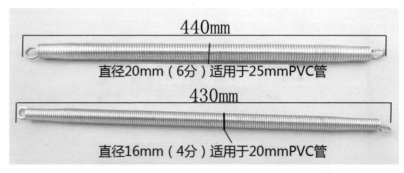

440mm

直径20mm（6分）适用于25mmPVC管

430mm

直径16mm（4分）适用于20mmPVC管

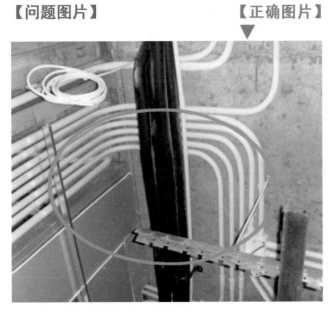

【正确图片】

【原因分析】

未使用专用工具进行弯管操作。

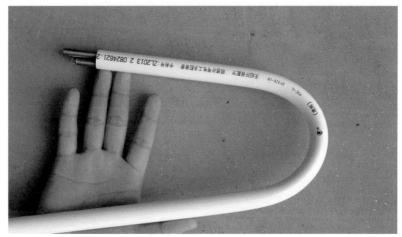

【PVC线管弯管工具图】

PVC管90°弯头必须按规范施工，电线管的转弯半径应该为管直径的6倍，最小不得小于管直径的4倍。若有条件的话尽量放大转弯半径。

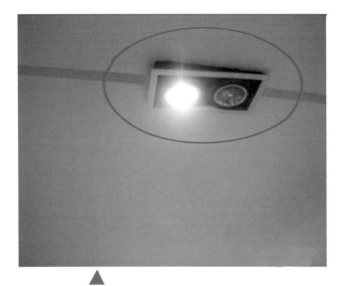

【问题图片】

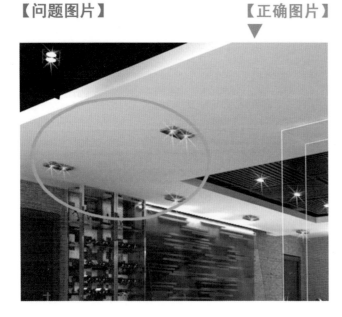

【正确图片】

【通病现象】

灯具安装后灯盒出现从顶面脱落。

【原因分析】

1.开灯洞时上部四周有副龙骨连接，导致安装后顶部出现不平整。

2.灯具支托连接件安装不牢固或洞口尺寸过大，造成灯具脱落。

【预防及解决措施】

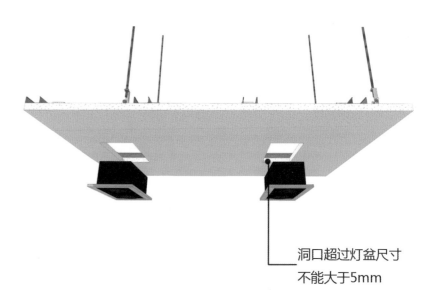

洞口超过灯盆尺寸不能大于5mm

【顶面斗胆灯安装图】

1.安装灯具时确保四周无龙骨，安装后确保顶部平整。在铝板上安装灯具时，需要把铝板加厚，若铝板太薄，灯具容易掉。

2.灯洞处要严格按照灯具开孔要求进行开孔。

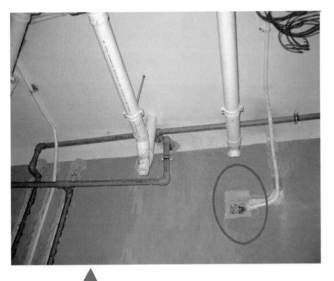

【通病现象】

接线盒位置在水管丝接头下方，漏水导致短路跳闸。

【问题图片】

【正确图片】

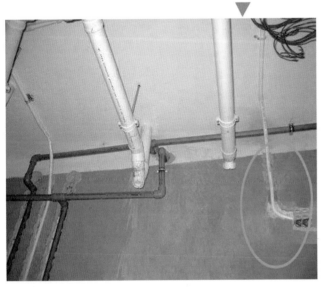

【原因分析】

工人图省材料，马虎施工。

【预防及解决措施】

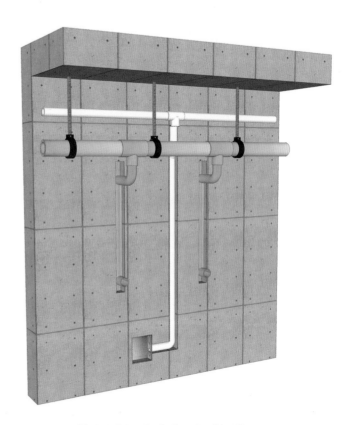

【水管与接线盒之间关系图】

1.前期策划到位，项目部对班组交底明确。

2.接线盒位置应该错开水管进行安装。

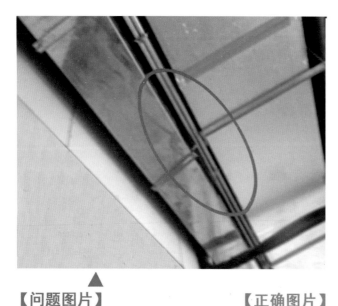

【问题图片】

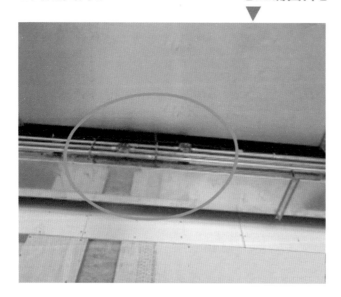

【正确图片】

【通病现象】

在桥架与风管中间穿电线，影响后期穿线。

【原因分析】

1.前期深化考虑不周，各配合单位协调不到位。

2.施工前期未做相关的技术交底。

【预防及解决措施】

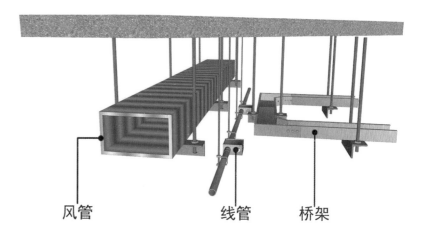

风管   线管   桥架

【线管、风管、桥架关系图】

1.前期深化设计，首先应根据电气图、天花图及相关配合单位的图纸进行套图，把各单位管线、桥架、风管所需空间进行避让调整。

2.项目部及班组应加强施工过程控制，做好各配合工种的相互协调工作。

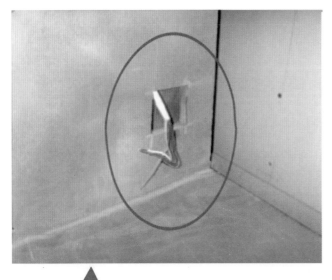

【问题图片】

【通病现象】

插座未安装底盒或位置偏离。

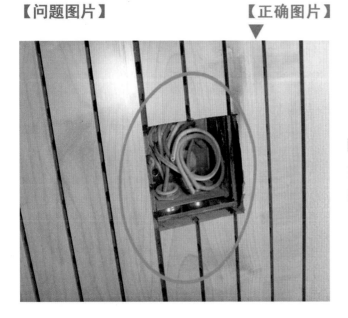

【正确图片】

【原因分析】

前期电气点位布置不到位。

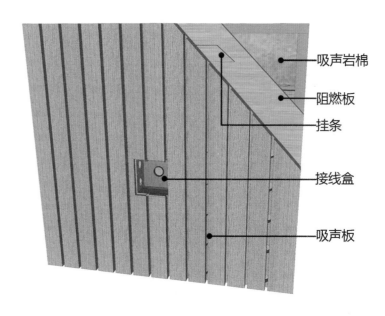

吸声岩棉

阻燃板

挂条

接线盒

吸声板

【吸声板上安装接线盒图】

1.与设计部门进行沟通确定电气点位位置，并及时对工人进行交底。

2.加强项目监督，防止工人马虎施工。

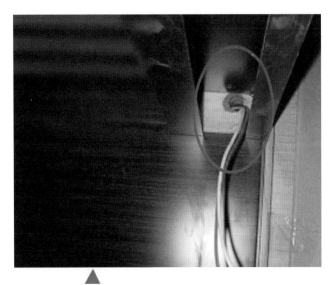

【问题图片】

【正确图片】

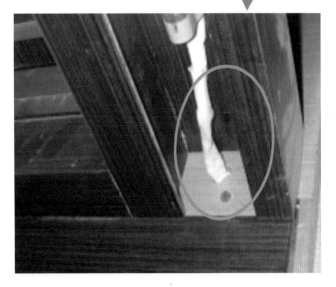

【通病现象】

柜子内暗藏灯带，电源线穿过柜体时未穿黄蜡管保护。

【原因分析】

1.工人缺乏质量意识，忘记使用黄蜡管。

2.项目部监督不到位。

【预防及解决措施】

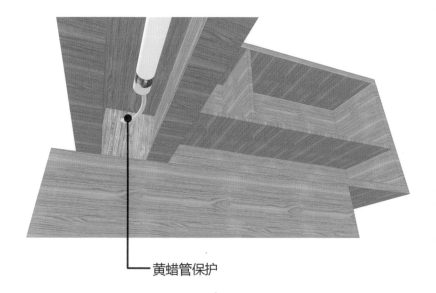

黄蜡管保护

【黄蜡管保护柜体内灯具穿孔电源线图】

1.项目部应配备足够的黄蜡管，并要求工人穿黄蜡管保护。

2.加强对项目的监督，分配专人进行检查。

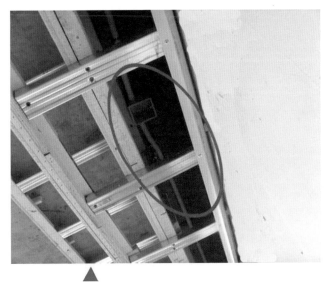

【问题图片】

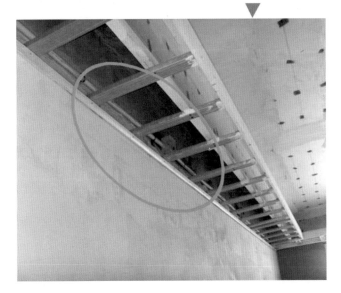

【通病现象】

天花造型内敷设电气导管，安装位置不合理。

【原因分析】

1.工人未按照项目要求
　进行施工。
2.项目部未对工人进行
　交底。
3.项目部监督不到位。

【预防及解决措施】

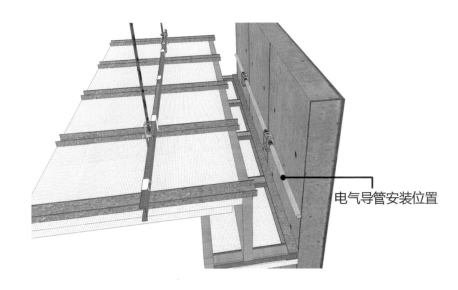

电气导管安装位置

【天花造型电气导管安装位置图】

1.天花造型内敷设电气导管，应敷设在便于操作的位置，否
　则影响后期穿线。
2.项目部提前对工人进行交底，并要求工人严格按照交底内
　容进行施工。

【通病现象】

从墙面上引出壁灯电源线时未保护，存在漏电隐患。

【问题图片】　　　　　　【正确图片】

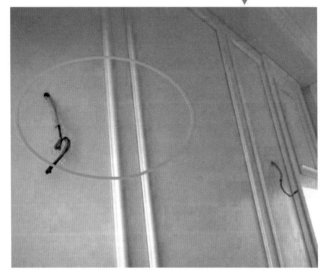

【黄蜡管保护壁灯电源线图】

【原因分析】

1.工人质量意识淡薄。

2.项目部未交底，监督不到位。

1.提前对工人进行交底，并对工人施工过程加强监督。

2.提高工人电力安全保护意识。

3.出线口处穿黄蜡管进行保护。

【问题图片】

【通病现象】

木饰面开关面板开圆孔
导致开关无法安装。

【正确图片】

【原因分析】

木饰面安装时定位不准，
木饰面没开孔，后期直
接开圆孔。

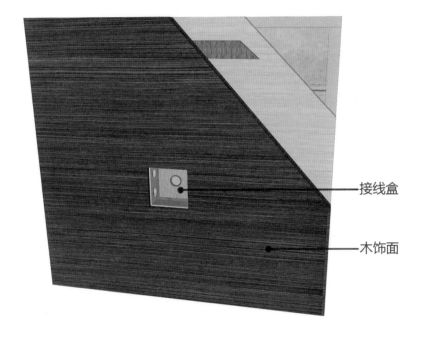

接线盒

木饰面

【木饰面开关开孔图】

1.木饰面安装开关面板开孔应按开关盒大小开孔，不得开圆孔，
　严禁将开关面板直接安装在木饰面上。
2.提前对工人进行技术交底并监督工人开孔。

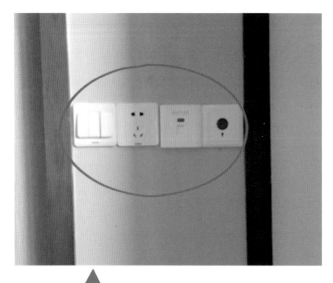

【问题图片】

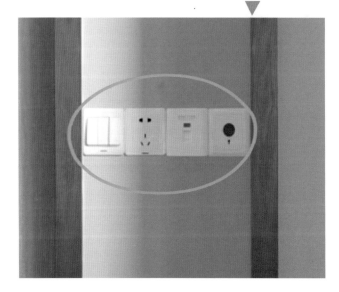

【正确图片】

【通病现象】

墙面面板安装高度不一致，影响观感。

【原因分析】

1. 前期水电安装没有实施模数化施工。
2. 未提前控制弱电点位，导致后期开关面板的安装不好控制。
3. 项目部监督不到位，工人质量意识淡薄。

【预防及解决措施】

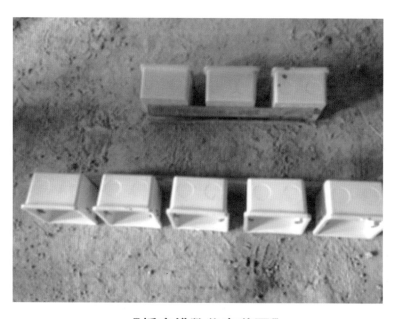

【插座模数化安装图】

1. 放线定位阶段就应考虑该位置的强制定位问题。
2. 在前期安装开关盒时，建议先做个模板控制好线盒之间的高度、间距。
3. 对水电班组做好技术交底，并加强监管。

【问题图片】

【正确图片】

【通病现象】

金属接线盒在轻钢龙骨
上固定时，自攻螺钉头
朝盒内侧，给后期穿线
留下安全隐患。

【原因分析】

1.施工技术交底不到位。

2.施工管理监督不到位。

3.工人质量意识淡薄。

【预防及解决措施】

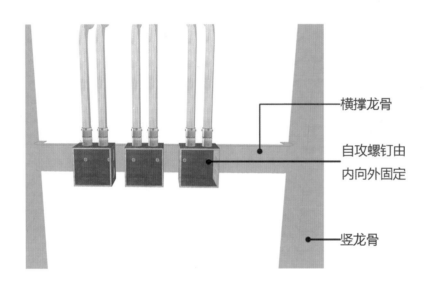

横撑龙骨

自攻螺钉由
内向外固定

竖龙骨

【接线盒固定图】

1.前期策划应熟悉设计图纸及施工验收规范，做好施工工艺技
  术交底。

2.加强工人的质量意识教育，加强施工监督。

3.将自攻螺钉固定改为铆钉固定。

【问题图片】

【通病现象】

服务台开关管路未使用金属线管。

【正确图片】

【原因分析】

1.项目部经验不足，缺乏电力安全知识。

2.未对工人进行交底。

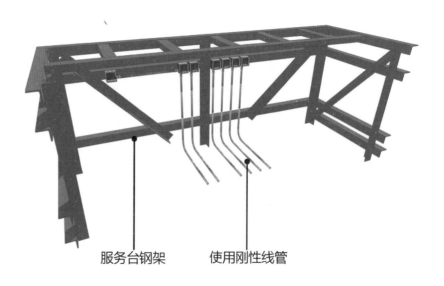

服务台钢架   使用刚性线管

【服务台内布管图】

1.提前对工人进行交底，要求工人使用刚性线管。

2.加强对工人的监督，防止工人偷工减料。

【问题图片】

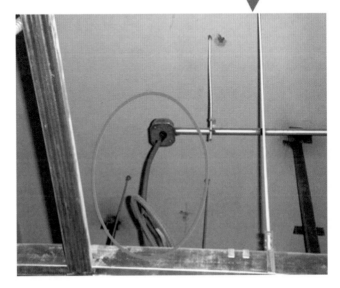

【通病现象】

1.接线盒盖板未固定。

2.接线盒软管被破坏。

【原因分析】

1.工人施工马虎，未固定线盒面板，且使用已经损坏的软管。

2.项目部监督不到位。

【预防及解决措施】

线盒盖板专用螺钉固定

软管保护

【正确图片】

【顶面线盒安装图】

1.纠正工人施工态度，要求其认真工作，不得马虎施工。

2.加强项目部监督，发现问题应及时进行修改。

3.顶面线盒盖应使用配套螺钉进行固定，防止线盒盖脱落。

【问题图片】

【通病现象】

电气导管过沉降缝，过渡盒未采用包塑金属软管连接。

【正确图片】

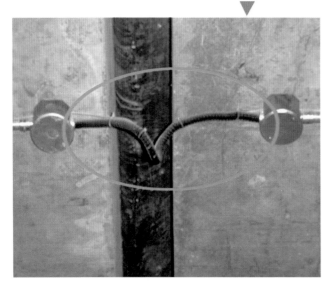

【原因分析】

1.项目部对电力施工质量不了解。

2.项目部未对工人进行交底。

3.项目部监督不到位。

【预防及解决措施】

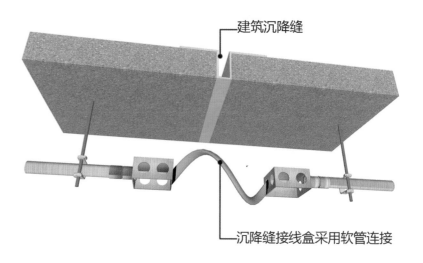

建筑沉降缝

沉降缝接线盒采用软管连接

【沉降缝处过渡盒安装图】

1.电气导管过沉降缝，过渡盒必须采用包塑金属软管连接。

2.提前对工人进行交底，强制要求工人按交底做法进行施工。

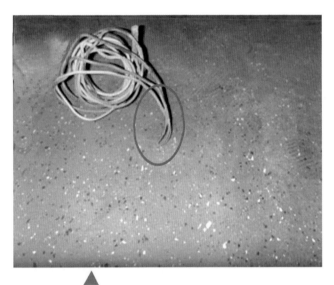

【问题图片】

【通病现象】

地面上引出电源线时未
穿管保护，存在漏电隐
患，而且不容易维修。

【正确图片】

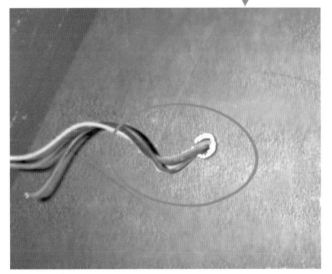

【原因分析】

电线管子留得太短，没
有伸出地面。

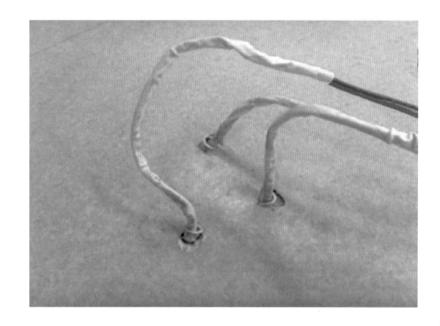

【地面电源线保护图】

1.项目部应提前对电工交底，电线管应伸出地面2cm。

2.穿好线后要套黄蜡管进行保护。

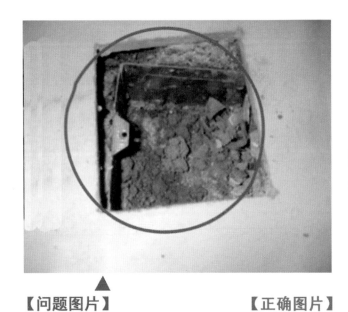

【通病现象】

地插底盒位置偏差。

【问题图片】

【正确图片】

【原因分析】

1.图纸深化有偏差。

2.电工未找到基准线，
　导致底盒位置不准。

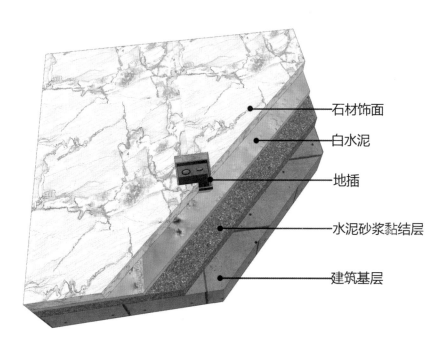

石材饰面

白水泥

地插

水泥砂浆黏结层

建筑基层

【地面石材饰面地插安装图】

1.加强图纸深化，前期放线应仔细。

2.电工地插应按基准线严格定位，不得出现偏差。

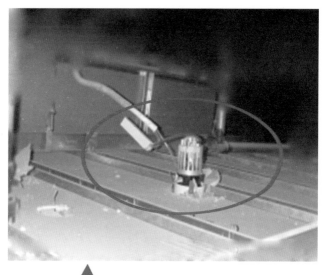

【问题图片】

【通病现象】

灯具电源线裸露，容易
出现漏电现象，存在火
灾隐患。

【正确图片】

【原因分析】

1.工人马虎施工。

2.项目部监督不到位。

【预防及解决措施】

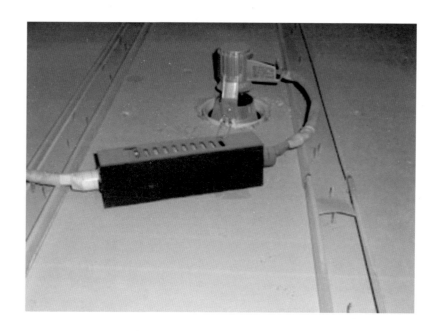

【黄蜡管保护灯具电源线图】

1.提前对工人进行交底，要求灯具电源线接口处必须使用黄蜡管
  进行保护。

2.加强对工人的监督，防止工人偷工减料。

【问题图片】

【正确图片】

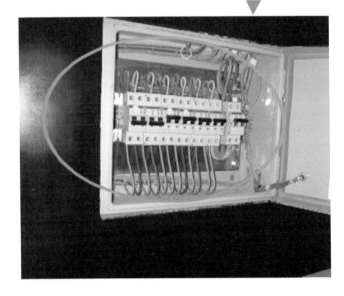

【通病现象】

箱子深度未控制好，导致箱盖无法安装。

【原因分析】

项目部深化不到位，完成面没控制好。

【预防及解决措施】

【金属配电箱图】

1.加强项目部深化设计能力，避免尺寸出现误差。

2.加强对现场的监督。

【问题图片】

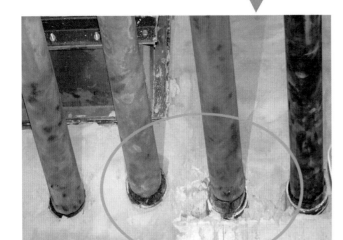

【通病现象】

穿墙水管未做穿墙套管保护。

【正确图片】

【原因分析】

工人为节省材料而不按要求
进行施工。

【预防及解决措施】

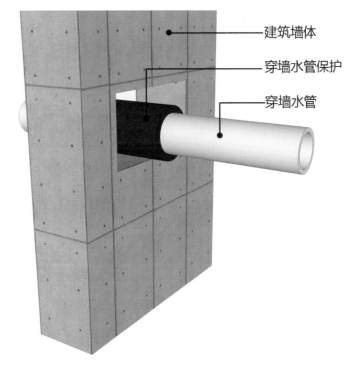

建筑墙体

穿墙水管保护

穿墙水管

【穿墙水管保护示意图】

施工前做好质量技术规范交底，横管穿承重墙、立管穿楼板应
做套管保护，套管规格比安装管道大一个等级，卫生间穿板预
留套管高出完成面2cm。

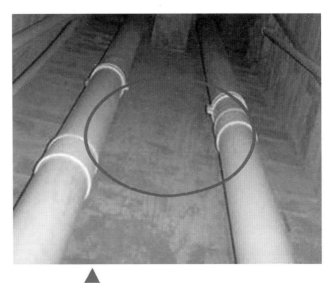

【问题图片】　　　　　　　【正确图片】

【通病现象】

管井内排水主管未设置伸缩节。

【原因分析】

1.班组为省材料。

2.班组不懂规范要求。

【预防及解决措施】

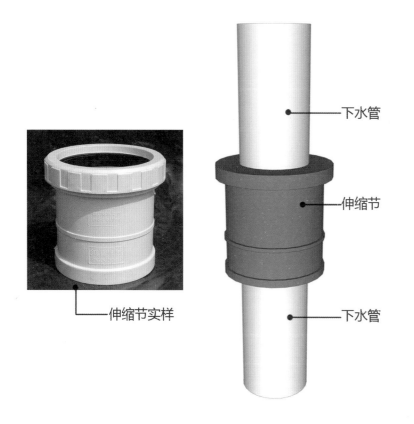

伸缩节实样

下水管

伸缩节

下水管

【水管伸缩节示意图】

先交底，要求工人严格按照给、排水施工质量规范施工。应在每层主管道上设置一个伸缩节。

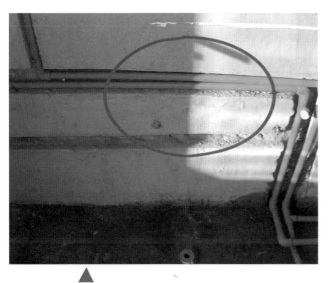

【问题图片】

【正确图片】

【通病现象】

在安装给水管时，墙面开横槽。

【原因分析】

未考虑是否会给后面工序留下隐患，只图省事。

【预防及解决措施】

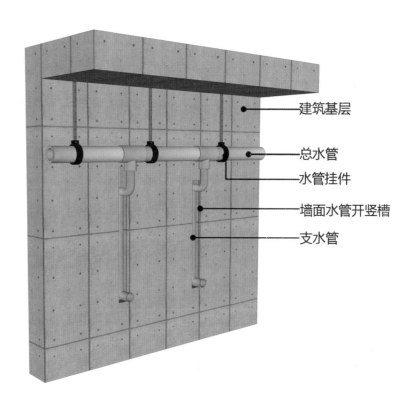

建筑基层

总水管

水管挂件

墙面水管开竖槽

支水管

【墙面水管开槽示意图】

施工前做好以下要求：

卫生间各支管分别从顶面主管道分支垂直向下接至各用水点。

【问题图片】

【通病现象】

下水管管口未做保护。

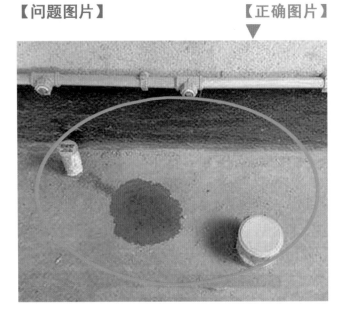

【正确图片】

【原因分析】

项目部未对工人进行
技术交底。

【水管管口专用保护件示意图】

1.提前对工人进行交底，并加强检查力度。

2.使用专用下水管口保护盖。

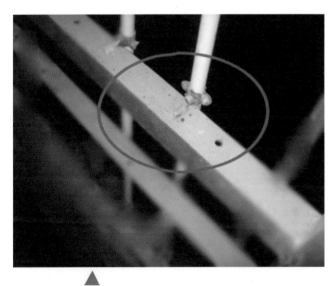

【问题图片】

【通病现象】

给水管道固定时，固定点未加橡胶软垫，容易损坏管子。

【正确图片】

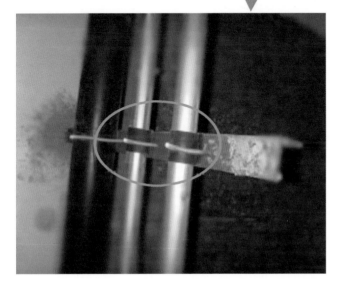

【原因分析】

1.工人图省事或项目部未提供橡胶软垫。

2.项目部监管不到位。

【预防及解决措施】

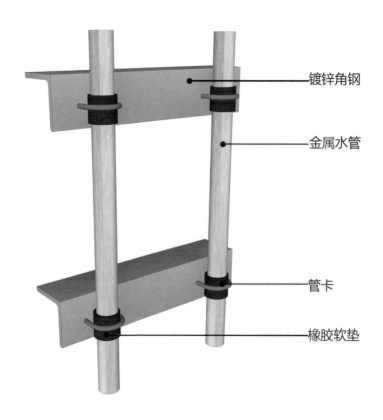

镀锌角钢

金属水管

管卡

橡胶软垫

【水管固定示意图】

1.提高工人质量意识，提供充足的橡胶软垫。

2.加强项目监督力度，若发现不规范处，应及时整改。

【问题图片】

【正确图片】

【通病现象】

冷热水管在隔墙内横向敷设，导致后期水管检修困难。

【原因分析】

1.项目部未进行技术交底。

2.项目部对给排水工程不了解，或对项目把控不到位。

3.工人随意施工，不按规范操作。

【预防及解决措施】

【隔墙内水管走顶排布图】

1.项目部对工人进行技术交底，并提高工人质量控制意识。

2.加强对工人的监督，避免给水管在隔墙内横向敷设。

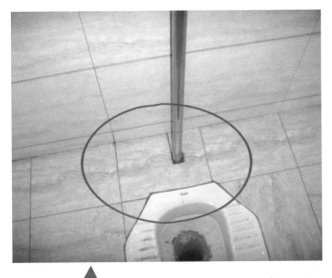

【通病现象】

蹲便器后侧冲水弯管处地砖铺贴固定，导致后期检修困难。

【问题图片】

【正确图片】

【原因分析】

1. 项目部未对此位置石材安装方式进行深化。

2. 项目部未对工人进行交底或者监管不到位。

3. 购买石材时未考虑石材尺寸。

【预防及解决措施】

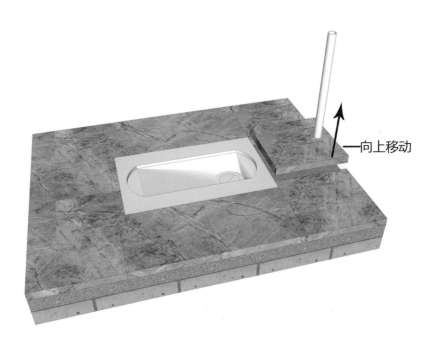

——向上移动

【蹲便器后侧石材移动示意图】

1. 购买时应对石材进行排板，确保石材到场尺寸误差最小。

2. 项目部对工人进行交底，若发现问题，应及时进行修改。

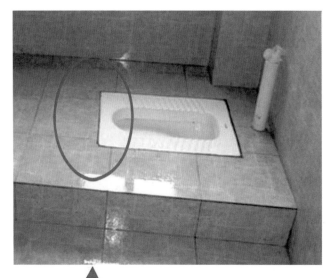

【问题图片】

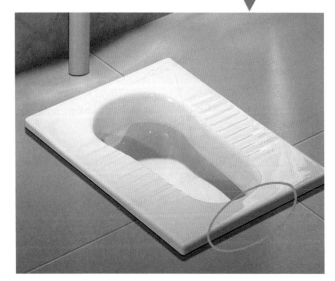

【正确图片】

【通病现象】

在安装蹲便器过程中，洁具与地砖吻合度控制不到位，影响观感。

【原因分析】

1.现场技术交底不到位。

2.施工管理跟踪不到位，施工过程中把控不严。

3.未认真阅读洁具安装说明。

【预防及解决措施】

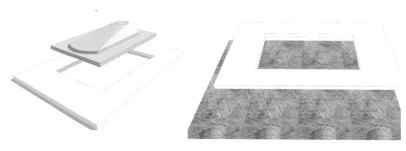

【模板选材、复模制模】   **【面砖预拼、转印模板】**

【面砖开孔】   **【安装完成】**

【蹲便器安装步骤图】

1.前期施工过程中应认真阅读洁具安装说明书并做好交底。

2.加强项目管理跟踪，严格把控施工过程。

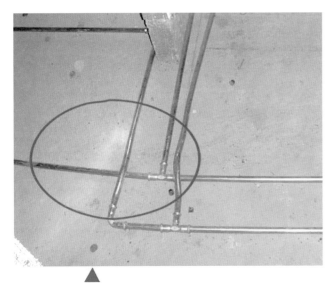

【问题图片】

【正确图片】

【预防及解决措施】

【通病现象】

水管在地面上敷设,后期出现问题不好处理。

【原因分析】

工人图省事、省材料。

【水管走顶不走地现场图】

前期策划好水管走向,不能为了省一些时间而导致后期返工,若后期返工会花费几倍的时间来进行处理(地面管子容易被其他工种破坏)。

69

【问题图片】 　　　　　　　　【正确图片】

【预防及解决措施】

【台盆钢架焊接图】

【通病现象】

台盆安装时使用木块或大理石胶固定，导致台盆脱落。

【原因分析】

1.项目部交底不到位，未焊接台盆钢架，最终使用胶粘。

2.项目部监督不到位。

1.按台盆尺寸定做台盆钢架。

2.提前对工人进行交底，并强制工人按施工标准进行施工。

3.加强项目监督，台盆钢架验收合格之后，方可进行下道工序。

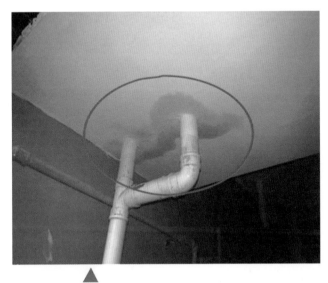

【通病现象】

下水管根部漏水。

【问题图片】

【正确图片】

【原因分析】

1.下水管开孔过小，吊模空隙小，导致漏水。

2.施工前未对工人进行技术交底。

3.项目管理人员对现场施工监督不到位。

【预防及解决措施】

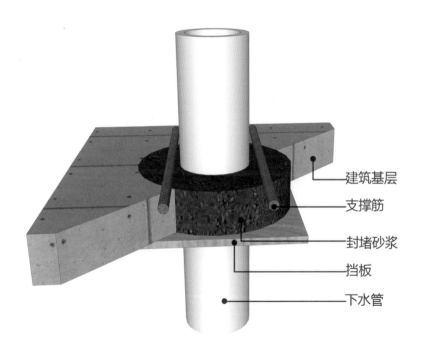

建筑基层

支撑筋

封堵砂浆

挡板

下水管

【水管开洞及封堵示意图】

排水管穿过楼板开洞时，开洞尺寸应大于管外径至少60mm，且中心线重合。

【问题图片】

【正确图片】

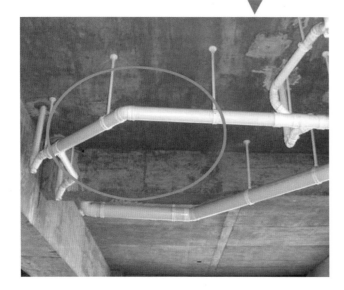

【通病现象】

水管支管连接用90°弯或正通连接，导致排水堵塞。

【原因分析】

项目部技术交底不到位，工人不了解规范。

【预防及解决措施】

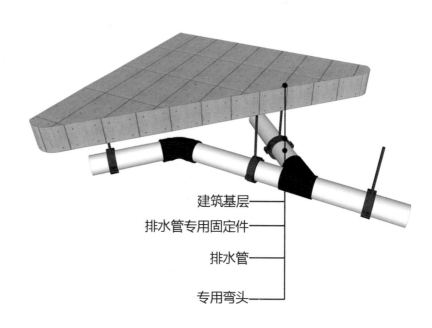

建筑基层

排水管专用固定件

排水管

专用弯头

【排水支管连接示意图】

1.水管支管连接时，为保证排水通畅，应采用45°三通或45°四通和90°斜三通或90°斜四通，曲率半径不小于4倍管径的90°弯头。

2.提前对工人进行技术交底。

3.排水管道定位后，施工前要根据施工图进行预排板，并确定配件。

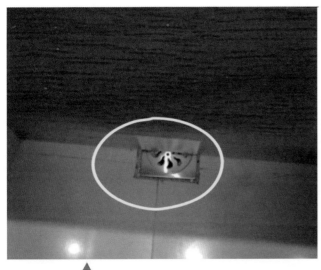

【问题图片】　　　　**【正确图片】**

【通病现象】

预留地漏位置不合理。

【原因分析】

1.前期土建定的地漏位
置不合理。

2.前期施工深化不到位。

3.后期施工人员放线定
位不准确。

【地漏位置图】

1.在施工前对工人做好图纸和技术交底工作。

2.前期按施工图放线过程中，若发现地漏位置不合理，应及时
调整。

【通病现象】

地漏管口超过防水层，防
水层完成后形成暗水，存
在隐患。

【问题图片】　　　　**【正确图片】**

【原因分析】

找平过程前未对工人进行交
底，未提前切割管口。

【预防及解决措施】

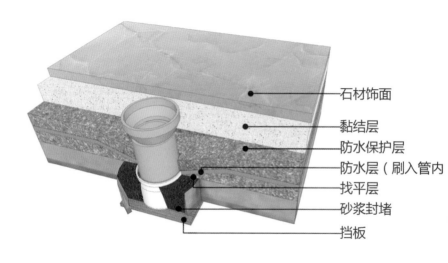

石材饰面

黏结层

防水保护层

防水层（刷入管内）

找平层

砂浆封堵

挡板

【地漏节点示意图】

对工人交底到位，卫生间先打地面灰饼，完成后切地漏管
（注意比找平层低10mm），再进行保护管口，做防水层
时（JS复合防水涂料或聚氨酯）建议做到管口内部。

【问题图片】

【正确图片】

【通病现象】

三角阀或龙头装饰盖安装不严密，与石材墙面间有缝隙。

【原因分析】

前期深化不到位，导致后期安装不合格。

【预防及解决措施】

【水管强制定位安装图】

1.班组在进行给水施工时与项目部协调好石材完成面的位置。

2.项目管理人员应做好完成面线的交底工作，并加强深化，减少误差。

3.安装时采用模板化安装，强制定位，减少误差。

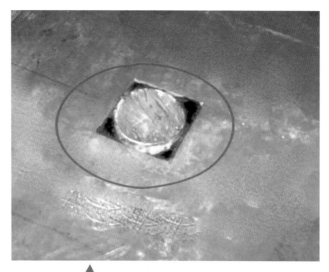

【问题图片】

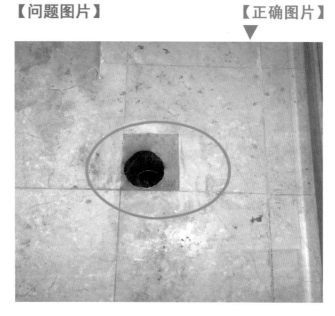

【通病现象】

安装坐便器时，管洞处没有
抹平。

【正确图片】

【原因分析】

工人不注重质量，马虎施工。

【预防及解决措施】

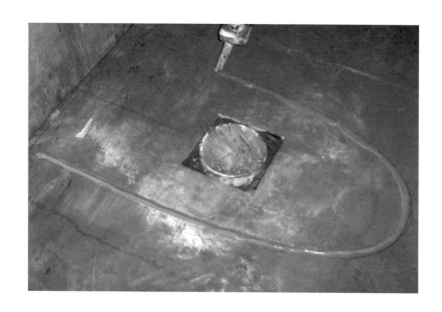

【坐便器安装打胶图】

1.安装坐便器前，管洞处必须用砂浆抹平，与地面层平齐。

2.落水口必须使用硅胶密封圈。

【问题图片】

【正确图片】

【通病现象】

连接卫生器具预埋件与管道时，未安装可拆卸连接件，导致维修困难。

【原因分析】

1. 班组未购买专用连接件，或数量不足。
2. 工人图省事，或项目管理监督不到位。

【预防及解决措施】

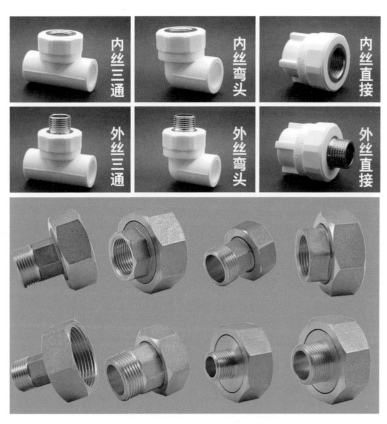

【卫生间器具预埋件与管道连接件图】

1. 项目部对安装质量进行交底。
2. 水电班组购买专用的连接件，并保证数量充足。
3. 项目部加强监督，若发现不规范的操作，应及时进行整改。

【问题图片】

【通病现象】

排水横管过长时未设置检查口，导致后期检查困难。

【原因分析】

1.工人不了解施工规范。
2.未购买或未购买足量的检修口。

【正确图片】

【预防及解决措施】

【S存水弯检修口】　　【带检90°弯头】

【带检45°弯头】　　　【立管检修口】

1.项目部应及时对工人进行交底，并加强对工人的监督。
2.排水横管过长时应设置检查口，一般隔8m设置一个。
3.项目部应购买足量的水管检修口。

【预防及解决措施】

【问题图片】

【正确图片】

【通病现象】

施工现场电动工具无插头，直接插电使用。

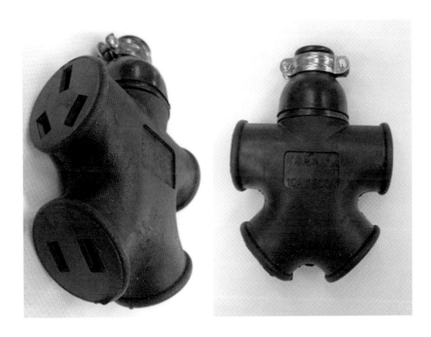

【专用插头转换器示意图】

【原因分析】

1.项目部未对工人进行安全交底。

2.工人缺乏安全意识。

3.项目部监督不到位。

1.提前对工人进行安全交底。

2.加强项目安全监督，若发现问题，应及时制止并调整。

【预防及解决措施】

【通病现象】

电工施工过程中未穿绝缘鞋，存在安全隐患。

【问题图片】

【正确图片】

【原因分析】

1.项目部未配备绝缘鞋。

2.工人自身安全意识淡薄，不重视此规定。

【电工绝缘鞋图】

1.加强对工人的思想教育，提高工人安全意识。

2.项目部应提高电工安全保证，配备绝缘鞋。

3.加强项目部对工人的安全监督。

【问题图片】

【正确图片】

【通病现象】

施工现场随意拉扯电线，存在安全隐患。

【原因分析】

1.项目部对工人安全交底不到位。

2.项目部监督不到位。

【预防及解决措施】

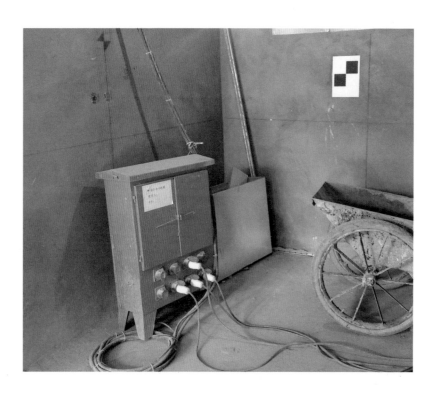

【配电箱正确使用示意图】

1.提前对工人进行安全交底。

2.提高项目部监督能力，若发现问题，应及时进行整改。

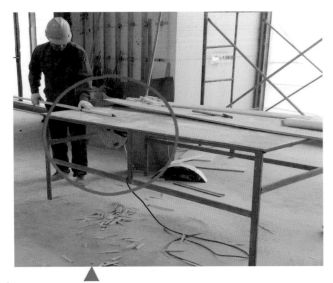

【问题图片】

【正确图片】

【通病现象】

木工用锯板机使用倒顺开关，容易发生安全事故。

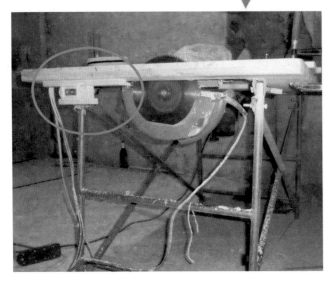

【原因分析】

1.工人缺乏安全操作意识。

2.项目部监督不到位。

【预防及解决措施】

【磁力启动器图】

应在锯板机上安装磁力启动器。

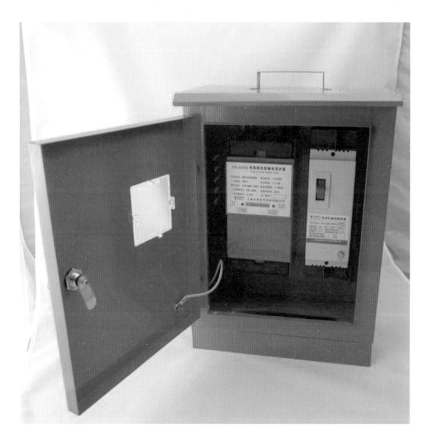

【预防及解决措施】

【通病现象】

电焊机未安装漏电保护器，存在触电隐患。

【问题图片】　　　　　　**【正确图片】**

【原因分析】

1.施工人员安全意识淡薄，图省事。
2.现场没有采购专用漏电保护器。

【二次侧漏电保护器图】

1.项目部提前对施工班组进行安全交底。
2.电焊机必须安装二次侧漏电保护器。

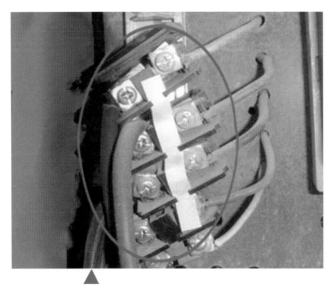

【问题图片】

【通病现象】

电箱内接线处松动、外漏、无保护罩，存在安全隐患。

【正确图片】

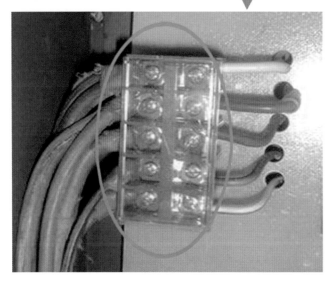

【原因分析】

工人随意搭线，缺乏安全意识。

【预防及解决措施】

【《施工现场临时用电安全技术规范》书籍图】

1.提前对工人进行技术交底。

2.严格按照国家规范《施工现场临时用电安全技术规范》要求施工，接线装置应保证固定并有保护措施。

【通病现象】

二级电箱插座无插头，容易引起火灾。

【问题图片】　　　【正确图片】

【原因分析】

1.工人的安全意识淡薄。

2.监督人员检查不到位，发现问题未制止。

【二级配电箱专用接头使用图】

1.三级电箱对二级箱的取电，必须使用插头进行取电。

2.提前对工人交底，并经常进行检查，若发现错误，应及时进行整改。

【问题图片】

【正确图片】

【通病现象】

36伏低压电变压器无防护，存在安全隐患。

【原因分析】

1. 工人无安全意识。

2. 变压器外壳损坏。

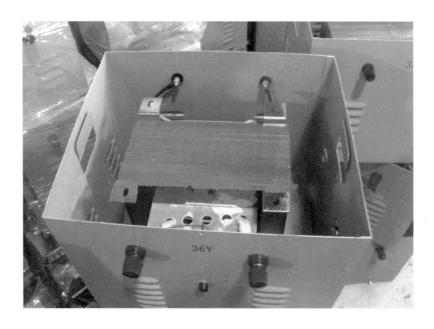

【配电箱变压器图】

1.36伏变压器须放在配电箱内进行封闭保护，并安装漏电保护。

2.加强项目监督力度。

【问题图片】

【通病现象】

工人高空作业时，未佩戴安全绳，存在严重安全隐患。

【正确图片】

【原因分析】

1.项目管理人员未做好安全教育。

2.工人安全意识淡薄。

3.安全监督不到位。

【预防及解决措施】

从肩带处提起安全带　　将安全带穿在肩部　　将胸部纽扣扣好　　系好左腿带或扣索

系好右腿带或扣索　　调节腿带直至合适　　调节肩带到合适　　穿戴完成，进行工作

【正确佩戴安全带、安全绳图】

1.工人进场时项目部相关人员即对工人进行安全教育，安全面前无小事。

2.加强项目监督力度，若发现问题，应及时进行整改。

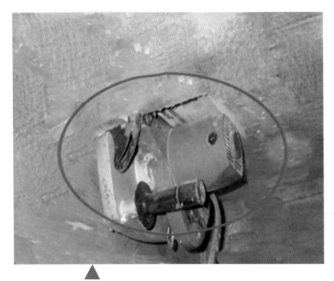

【问题图片】

【通病现象】

木工使用手持切割机替换平台圆盘锯，存在安全隐患。

【预防及解决措施】

【木工台锯】

【正确图片】

【原因分析】

1. 圆盘锯故障，工人无安全意识，使用手持切割机代替。
2. 工地现场未配备圆盘锯。

1. 定期对圆盘锯进行检查，防止圆盘锯损坏，并对工人进行安全交底。
2. 加强项目的监督管理。

【问题图片】

【通病现象】

脚手架钢管扣件末端长度不符合规范要求。

【正确图片】

【原因分析】

1.脚手架的搭设工无证上岗或搭设公司无资质。

2.项目部对工人的监督不到位。

3.未对工人进行交底，没有搭设方案。

【预防及解决措施】

【脚手架钢管扣件端头标准安装图】

1.选择有资质的公司或有证的工人进行搭设。

2.加强对搭设现场的监督。

3.根据《脚手架搭设规范》要求搭设，搭建施工钢管扣件式脚手架，钢管扣件的末端长度不得少于10cm。

【问题图片】

【正确图片】

【通病现象】

工地现场电焊作业时，工人防护用具佩戴不规范，存在安全隐患。

【原因分析】

1.工人自身安全意识不足，无证施工，疏忽大意。

2.班组护具配发不到位。

3.现场项目监督不到位，没有明确要求及处理办法。

【预防及解决措施】

【电焊工施工图】

1.特殊工种（电焊）相应施工人员必须持证上岗。

2.动火作业前必须经过严格安全培训教育。

3.加强现场施工监管力度，班组必须配发安全帽、防护罩、手套等防护用品。

【问题图片】

【通病现象】

施工打孔作业时，未及时设置安全警示牌，容易引发误伤，存在隐患。

【原因分析】

1.打孔作业人员施工时安全意识淡薄。

2.项目管理人员未及时进行告知或进行安全交底。

3.交叉作业安排协调不合理。

【正确图片】

【预防及解决措施】

管道打孔，禁止入内

【小心坠物安全警示牌图】

1.打孔作业时须在相应位置设置安全警示牌，告知其他交叉作业施工人员。

2.项目部、班组加强对工人的安全教育交底，加强现场监督力度。

【问题图片】

【正确图片】

【通病现象】

工人在使用切割机或磨砂机过程中未佩戴护目镜，存在安全隐患。

【原因分析】

1. 项目部未配备护目镜。
2. 工人安全意识淡薄，未按安全交底佩戴护目镜。
3. 项目部监督不到位。

【预防及解决措施】

【护目镜图】

【护目镜佩戴图】

1. 对工人进行安全教育、交底，要求工人在使用切割机或磨砂机过程中使用护目镜。
2. 加强项目监督。

【通病现象】

使用人字梯过程中，工人私自绑接增加人字梯高度，存在安全隐患。

【问题图片】

【正确图片】

【原因分析】

1. 人字梯制作时高度未控制好，导致施工时高度达不到。

2. 工人施工时图省事，安全意识淡薄。

3. 项目部发现问题未及时阻止。

【预防及解决措施】

【脚手架搭接图】

1. 人字梯统一制作，其高度不得大于2m。

2. 当施工高度大于2m时，必须搭接脚手架进行施工。

3. 增加项目监督力度，若发现问题，应及时进行整改。

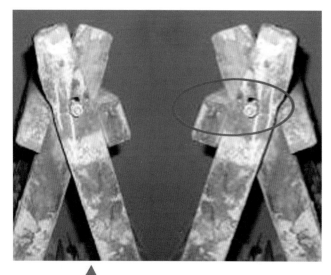

【问题图片】

【正确图片】

【通病现象】

人字梯转轴松动。

【原因分析】

1.人字梯转轴丝杆两头未进行加固。

2.工人制作过程中马虎施工，随性施工。

【预防及解决措施】

圆钢

【开口销】

【人字梯制作示意图】

1.人字梯的高度应在2m以下，2m以上尽量用活动脚手架。工人使用超高人字梯要有交底和扶护人员。

2.提高工人人字梯制作质量意识，并在端头采用开口销进行固定。

【问题图片】 ▲

【通病现象】

人字梯顶部站人施工，
存在安全隐患。

【正确图片】 ▼

【原因分析】

1.安全员现场监督不到位。

2.工人安全意识淡薄。

【预防及解决措施】

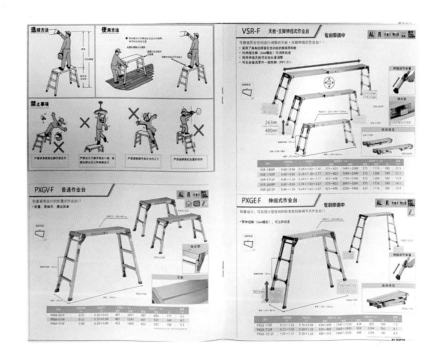

【铝合金人字梯】

1.对工人进行安全施工的培训，禁止人员站在人字梯顶上作业。

2.在大区域、大空间等人字梯够不到的位置应使用脚手架。

3.推荐使用新型铝合金人字梯。

【问题图片】

【通病现象】

消防楼梯未做临时防护
存在安全隐患。

【正确图片】

【原因分析】

1.项目部安全施工意识
淡薄。

2.项目部安全监督人员
监督力度不够，或发
现问题未及时安排工
人进行制作。

【预防及解决措施】

【现场制作楼梯护栏示意图】

1.采用40mm×40mm的方管焊接，并刷上警示漆，形成防护栏杆。

2.须增设底部踢脚线，防止异物坠落。

【问题图片】

【通病现象】

电梯井口未进行安全防护工作。

【正确图片】

【原因分析】

1.项目部安全意识薄弱。

2.前期策划不到位。

3.安全监督不到位。

【预防及解决措施】

【电梯口防护示意图】

1.提高安全员及工人的安全意识，并加强对现场安全的监督。

2.制作完成的井口防护栏杆，应对其进行定期检查，防止破损。

3.制作电梯井口防护栏杆时应设置安全警示红灯及警示牌。栏杆竖向焊制，高度在1.8m以上，并设置踢脚线。

【问题图片】

▲

【正确图片】

▼

【通病现象】

工人施工过程中未正确佩戴安全帽。

【原因分析】

1.工人不重视安全问题，随意佩戴安全帽。

2.项目现场监督不到位。

【预防及解决措施】

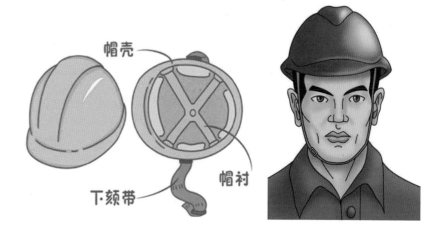

帽壳

帽衬

下颏带

【安全帽】   **【安全帽正确佩戴示意图】**

1.必须正确佩戴安全帽，防止在施工过程中发生安全事故。

2.加强项目现场的监督力度。

【问题图片】

【正确图片】

【通病现象】

油漆工施工作业时，未佩戴必要的防尘口罩。

【原因分析】

1.施工人员对自身健康的保护意识不足。

2.项目部管理力度不够，安全操作规范方面的交底不到位。

【预防及解决措施】

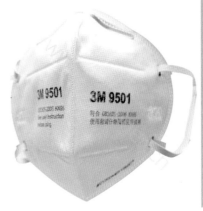
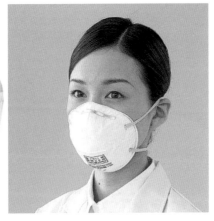

【防尘口罩及佩戴图】

1.加强对油漆工的防护，提高工人的自我防护意识。

2.统一采购防尘口罩，强制工人进行佩戴。

【通病现象】

施工现场内临洞位置未设置防护栏，有重大的安全隐患。

【问题图片】

【正确图片】

【原因分析】

1.对安全防护的管理意识淡薄。

2.项目部未对工人进行安全交底。

【预防及解决措施】

【洞口防护栏杆图】

1.建议购买成品防护栏，根据现场实际需求进行处理。

2.加强工人的个人安全防范意识，定期开展安全会议。

3.提前对工人进行安全交底，并定期进行检查、监督。

【通病现象】

装饰施工未对原建筑伸缩缝进行保护，存在安全隐患。

【问题图片】

【正确图片】

【原因分析】

1.管理人员安全交底不到位，未对该位置引起重视。

2.班组施工过程中安全意识淡薄。

【预防及解决措施】

【建筑伸缩缝成品保护件图】

1.加强对安全方面的管理，对于发生安全问题的位置，应统一进行落实。

2.建议购头成品伸缩缝保护盖板，方便实用。

3.现场伸缩缝区域交叉作业前，应特别进行相关的安全教育。

【通病现象】

施工现场脚手架搭设不规范。

【问题图片】 **【正确图片】**

【原因分析】

1.脚手架搭设单位无相关资质，工人安全意识淡薄。

2.项目部安全监督不到位，安全防护流程欠缺。

【预防及解决措施】

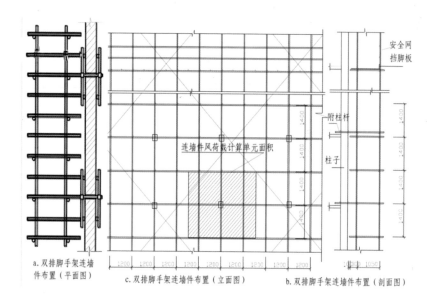

a.双排脚手连墙件布置（平面图）　c.双排脚手架连墙件布置（立面图）　b.双排脚手架连墙件布置（剖面图）

【脚手架搭接尺寸图】

1.提高工人安全意识，增强监督管理。

2.在脚手架下端离地20cm处，设立横、纵向的扫地杆，以保证脚手架的稳定。

3.聘用有专业资质的单位、个人进行搭设。

4.加强工人的安全防范意识。